U0200512

梨子
怎样进入
你的大脑？

文／〔俄〕伊利亚·科尔马诺夫斯基

图／〔俄〕因加·赫里斯季奇

译／马启明

北京语言大学出版社

BEIJING LANGUAGE AND CULTURE
UNIVERSITY PRESS

配着奶油和番茄酱的意大利面、香喷喷的烤鸡，还有各式各样的水果和甜点——梨子、草莓和西瓜，泡芙、蛋糕和冰淇淋……多么美味！我们的肚子可真有"福气"啊……

等等！关肚子什么事呢？肚子又不知道什么是美味！它也享受不到美食的快乐！我们的感觉是在大脑中形成的，想吃东西的欲望也来自大脑：是大脑指挥你在菜单上寻找美味的意大利面，是大脑怂恿你向妈妈要泡芙吃，是大脑促使你到灌木丛里去摘草莓。其实，大脑才是身体里最"贪吃"的器官——它会从你吃的食物中获取大约三分之一的能量。

那么，为什么我们的头上没有一个"小洞"直接通向大脑呢？如果有的话，我们就可以直接往里面扔肉饼和糖果了，大脑肯定也会开心吧？

当然不行啦！要想从食物中获取能量，可不能光靠大脑，我们身体的其他器官也要非常努力才行哦！首先，身体需要判断眼前的食物能不能吃。你肯定会疑惑：那要怎么判断呢？这就需要借助嘴巴的力量啦！我们的嘴巴是最棒的"侦察员"，大脑会通过嘴巴感受食物的味道，然后向嘴巴发号施令，比如："吐出来！""吞下去！""再多来点儿！"

大脑

舌头

　　你肯定喜欢甜甜的食物吧？我们的祖先猿猴和原始人类也喜欢在森林里寻找甜食，比如浆果、苹果、蜂蜜等。因为在自然界中，甜味的食物一般都是可以食用的，而酸味则意味着食物可能还不够成熟。至于苦味的食物，很可能有毒呢！

　　虽然甜食很好吃，但也不能多吃哦！如果我们吃太多糖果或者小面包，由于摄入了过量的糖分，大脑就会认为我们已经吃饱了。但事实上，糖分并不能满足我们身体成长所需要的全部营养。

人们还爱吃咸味的食物。在过去很长一段时间内，盐都是非常宝贵的。在远离大海的地方，盐比较稀缺，而很多肉类和蔬菜都需要通过盐腌来储存。现在我们有了冰箱，也就很少用盐腌的方法了。但炒菜的时候，人们习惯往食物里面放些盐，因为这样做出来的菜肴会更加美味。

山羊正在舔食岩石上的盐分。

苦味

芥末

咸味

酸味

各有所好！

食醋

甜味

酱油

鲜味

人们普遍认为，味道大体上可以分为四种——甜、酸、苦、咸。但其实还有第五种味道，这是一百多年前一位日本教授发现的，日语里叫作"umami"，也就是"鲜味"。鲜味能够使食物更加鲜美，让人胃口大开。肉类、蘑菇和坚果等食物都带有鲜味。炒菜的时候加点儿酱油也能给食物提鲜，很神奇吧？

大人们喜欢吃苦味的食物，比如他们喜欢喝黑咖啡或者吃芝麻菜沙拉。他们还喜欢吃辛辣的食物，比如像辣椒这样的。不过，辣并不属于味觉。就像痒痒的或是冰冰凉凉的感觉一样，辣是一种触觉。辣椒中含有一种物质，会让舌头产生灼烧感——这就是"辣味"的来源，也是植物保护自己不被动物吃掉的一种手段。

鸟类不怕辣。它们不但爱吃辣椒，而且还会把辣椒种子完整地排泄出来，帮助辣椒传播种子。

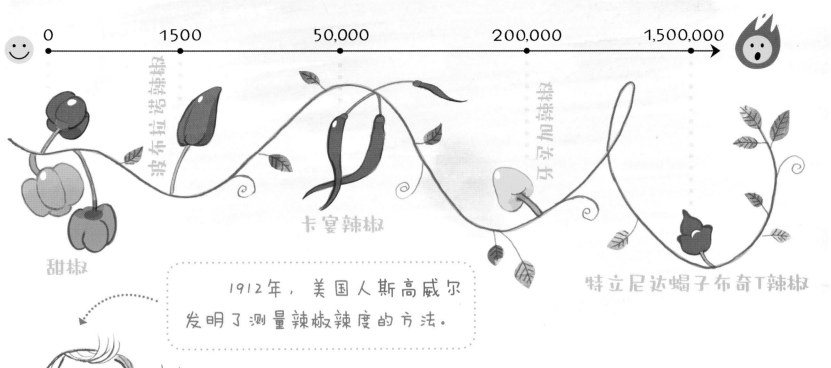

0　　　1500　　　50,000　　　200,000　　　1,500,000

甜椒

波布拉诺辣椒

卡宴辣椒

牙买加辣椒

特立尼达蝎子布奇T辣椒

1912年，美国人斯高威尔发明了测量辣椒辣度的方法。

那么，为什么大人们会喜欢吃大脑认为不能吃的食物呢？或许，这就像你喜欢玩怪兽玩具一样，他们偶尔也喜欢一些有挑战性、有刺激性的东西。有些东西一开始看起来好像很可怕，但如果你尝试后发现没什么好怕的，它们就会变得有趣起来。

所以，下一次试试往菜里或饺子里加点儿辣椒吧！别担心，这没什么大不了。你知道吗？有些孩子三四岁时就开始吃辣了！

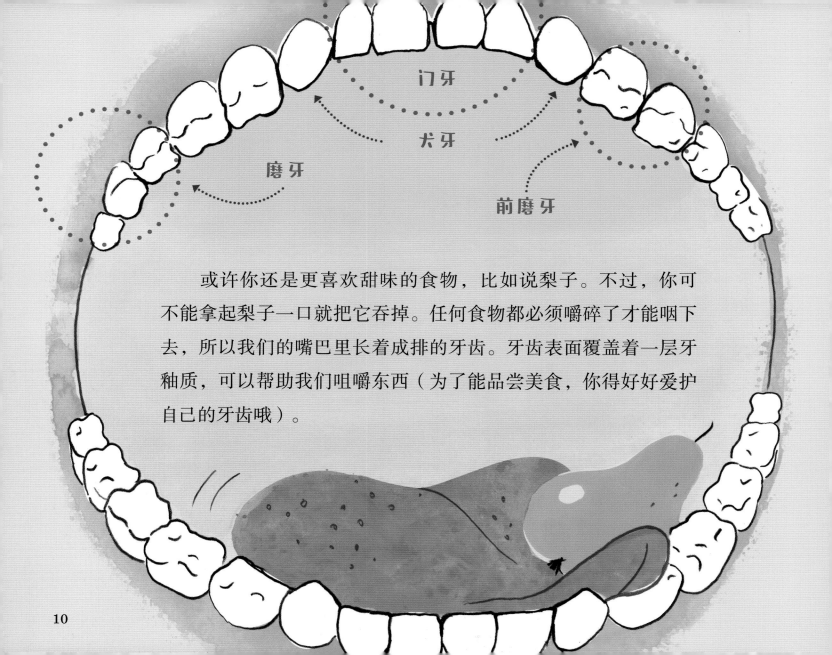

门牙

犬牙

磨牙

前磨牙

　　或许你还是更喜欢甜味的食物，比如说梨子。不过，你可不能拿起梨子一口就把它吞掉。任何食物都必须嚼碎了才能咽下去，所以我们的嘴巴里长着成排的牙齿。牙齿表面覆盖着一层牙釉质，可以帮助我们咀嚼东西（为了能品尝美食，你得好好爱护自己的牙齿哦）。

生活在10万年前的人如果失去了牙齿，那么很有可能就会饿死。后来，古埃及人学会了修补牙齿。现在，人们已经能够造出跟真牙一模一样的假牙了，这些假牙可以直接"栽种"进我们的嘴巴里！

鲨鱼的牙齿可以无限再生！

口腔的
三大
唾液腺

为了让牙齿更好地咀嚼食物，并且不伤害到口腔，我们的嘴巴里会分泌唾液，让吃进去的食物变得湿润柔软。口腔里有三对大的唾液腺，它们每天分泌的唾液大约有两三杯那么多呢！

现在，咬一口你手中的梨子吧！把果肉细细嚼碎，嚼得越碎越好，最好是嚼得比荞麦粒还要小，嚼成梨子果泥。

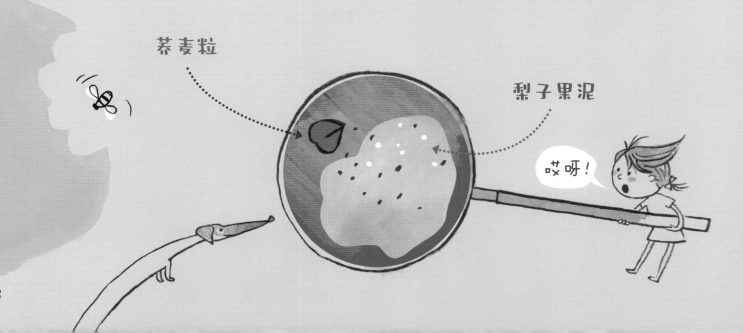

荞麦粒

梨子果泥

哎呀！

那么，梨子变成果泥后，是不是就能进入大脑了呢？答案是——还早着呢！梨子果泥还需要经过好几轮粉碎！

果泥被咽下去之后，会通过食道进入胃——这是一个能分解消化各种食物的"大锅"。在这里，任何一块食物都别想保持完整。

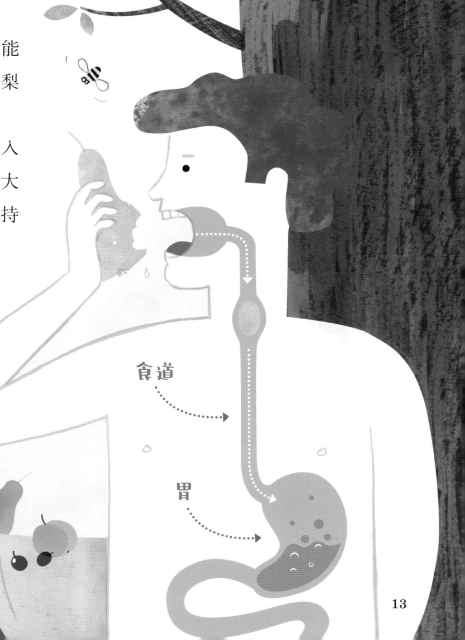

食道

胃

　　我们的胃就像一个袋子，最上面有一个括约肌。括约肌是一种环形的肌肉，可以收缩和舒张。它就像一把锁或一根扎住口袋的绳子，可以把食物留在胃里，防止食物倒流。如果括约肌变松弛了，胃液就可能会返流回食道内，你就会感到烧心。要是出现这种情况，一定要告诉你的爸爸妈妈，他们会带你去看医生！

括约肌

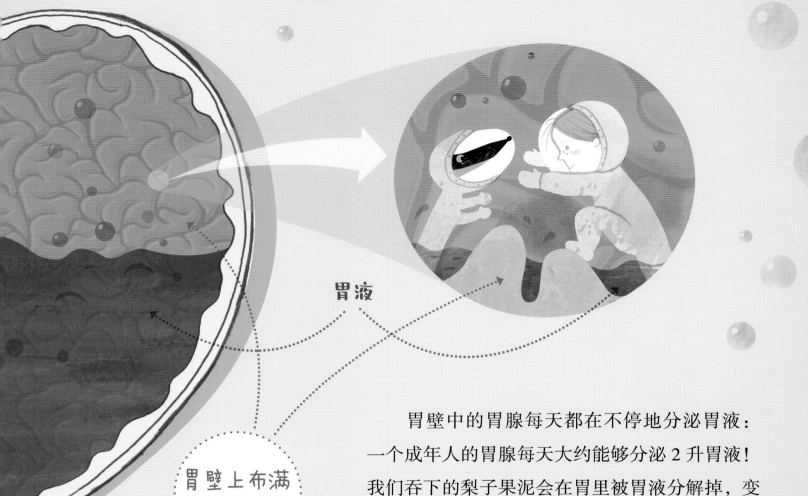

胃液

胃壁上布满
褶皱

胃壁中的胃腺每天都在不停地分泌胃液：一个成年人的胃腺每天大约能够分泌 2 升胃液！我们吞下的梨子果泥会在胃里被胃液分解掉，变成只有荞麦粒一百万分之一大小的分子。

　　狮子、老虎等大型食肉动物是"超级大胃王"，它们捕捉猎物不容易，所以一旦抓到了，就会吃到几乎把肚皮撑破。牛、鹿、羊等反刍（chú）动物一共有四个胃，消化方式比较复杂。粗粗咀嚼后咽下的食物会进入第一个胃；休息的时候，这些动物会将胃里半消化的食物返回嘴里，细细咀嚼后再咽下。对反刍动物来说，食物要经过四个胃才能消化、分解。

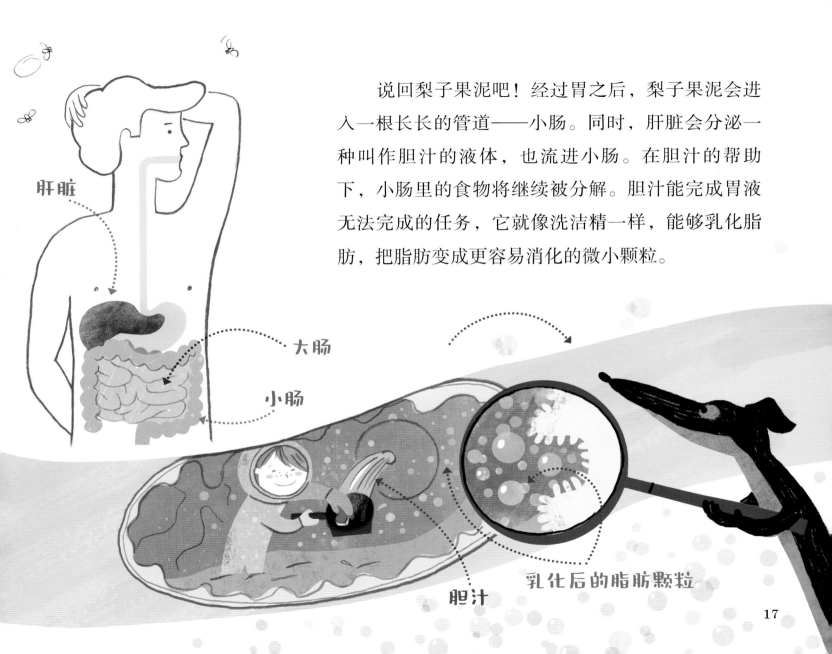

说回梨子果泥吧！经过胃之后，梨子果泥会进入一根长长的管道——小肠。同时，肝脏会分泌一种叫作胆汁的液体，也流进小肠。在胆汁的帮助下，小肠里的食物将继续被分解。胆汁能完成胃液无法完成的任务，它就像洗洁精一样，能够乳化脂肪，把脂肪变成更容易消化的微小颗粒。

肝脏

大肠

小肠

乳化后的脂肪颗粒

胆汁

17

那么，梨子最终是怎样从你的小肠进入大脑里的呢？原来，小肠壁分布着许多细小的血管，比我们的头发还要细，食物微粒分解出来的营养物质会通过这些血管进入血液。这就是你的身体要花那么大的力气把梨子变得越来越小的原因——不然的话，梨子怎么可能进入血液中呢？

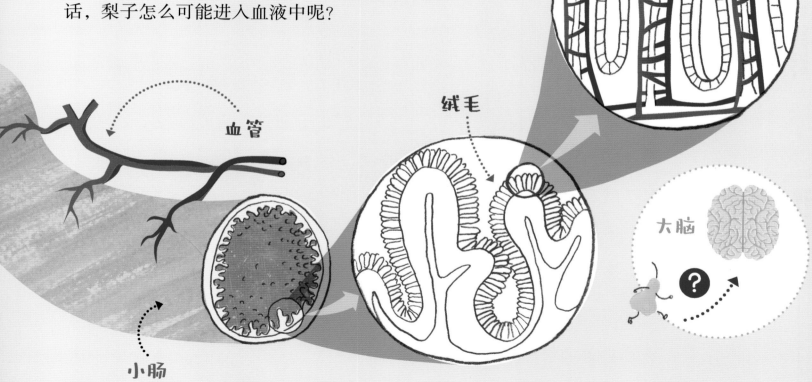

血管

绒毛

血管

大脑

?

小肠

18

为了让营养物质更快地吸收进血液里，所有食物微粒都会摊成薄薄的一层附着在小肠壁上。你知道我们的小肠有多长吗？一个成年人的小肠一般为5—6米长，相当于两层楼那么高，真令人难以置信！

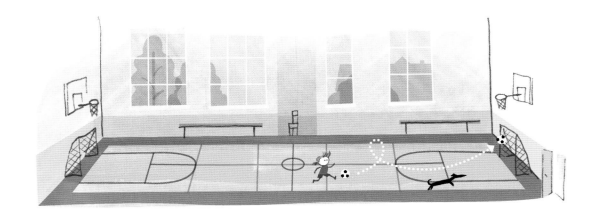

小肠壁布满了绒毛，它们的主要作用是增加小肠的表面积，让营养物质得到充分吸收。如果把这些绒毛都展开铺平，它的表面积有200多平方米，相当于一个小型的室内运动场那么大！

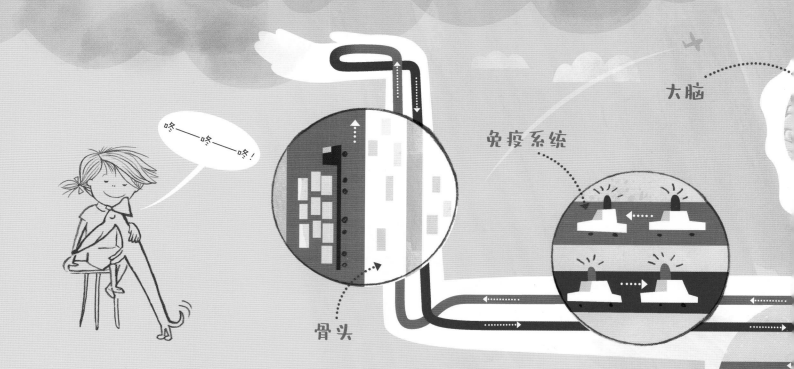

大脑

免疫系统

咚——咚——咚！

骨头

就这样，你吃掉的梨子在分解后通过数百万根血管进入了你"饥饿"的大脑。在这个过程中，不光大脑得到了能量，我们的骨头也十分受用——骨头生长需要多种营养。此外，免疫系统也获取了大量能量——它是我们身体里的"警察"，昼夜不停地在体内"巡逻"，保护我们不受病菌的侵害。

听，我们的心脏在跳动！它正在把血液输送到我们的血管里，血液再把食物中的营养供给到身体的各个部位，维持它们的功能，帮助它们生长：肌肉支撑起我们的身体，帮助我们运动；神经元传导信号，让我们的身体做出反应；消化腺分泌消化液；皮肤细胞大约每28天更新一次；肠黏膜细胞大约每3天更新一次；我们的指甲和头发也在不断地生长。

肌肉

能量

人体
血管的总长度
约为100,000千米

21

提供能量

产生新的细胞

肠道细菌
+
食物残渣
+
水

厕所

我们吃的食物大部分会变成营养物质进入血液，而剩下一些没有被肠胃充分消化的物质叫作食物残渣，它们无法进入血管，会和肠道里的一些细菌一起变成粪便排出体外。肠道细菌会让粪便散发出一股恶臭，这种臭味能让大脑提醒我们远离粪便。上完厕所后一定要记得洗手，因为粪便里往往会有病菌和其他一些对身体有害的物质！

　　有时候，我们会肚子疼，这可能是因为有害病菌正在身体里捣乱。这时我们的身体会努力尽快清除掉它们，在这个过程中，肠道内其他的东西甚至也会一起被清除掉。

　　那要怎么清除呢？原来，我们的肠道会利用液体来冲走有害病菌。可又该从哪里弄来那么多的液体来冲洗好几米长的肠道呢？

红细胞

打开水龙头！

冲走细菌！

SOS

6-8L

　　我们的胃腺、肠腺等消化腺每天分泌的液体足有一小桶，大约6—8升。这些液体对于消化、分解食物来说是必不可少的，形成它们所需要的原料来自血液。不过，我们的肠胃可没法儿一下子装下这么一桶液体！因此，这些液体是一点儿一点儿地形成的，最后大部分会和食物中的营养物质一起通过肠道吸收回血液中。

当我们的肠胃受到有害病菌的攻击时，大部分液体便不再被吸收回血液中，它们得"帮忙"把肠道里的东西冲出来。于是，所有被冲走的东西就会像暴雨中的河流一样，一起涌向肠道的出口，被我们排泄进马桶，拉肚子就这样开始了。如果反复拉肚子，我们的身体就会流失大量水分。因此，拉肚子的时候多喝水非常重要。

有时候，如果不小心吃了变质的食物，那么在它还没到达肠道之前，我们的胃就会先觉察到危险，让我们通过嘴巴把食物吐出来。呕吐的过程虽然让人难受，但却可以使我们及时远离某些疾病，因为这样一来，病菌就来不及进入肠道，也来不及繁殖了。

幽门螺杆菌

但是，有一种非常狡猾的细菌——幽门螺杆菌，它能形成一层不怕酸性物质的保护层"氨云"，因此不会被胃液中的胃酸杀死，而是狡猾地隐藏在胃黏膜深处。它们会破坏胃黏膜，这样一来，胃酸就容易灼烧胃壁，严重时甚至会导致胃溃疡。不过幸运的是，我们现在已经有了可以轻松"打败"幽门螺杆菌的药物。

2005年，他们证明幽门螺杆菌是造成胃溃疡的主要原因，并因此获得了诺贝尔奖。

巴里·马歇尔

罗宾·沃伦

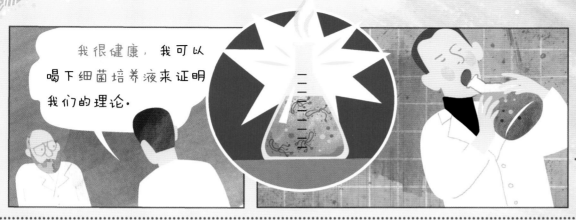

　　为了证明自己的理论，勇敢的巴里·马歇尔医生不顾别人的阻拦，喝下了一杯幽门螺杆菌培养液，结果毫不意外地得上了胃溃疡。但他很快就治好了自己，并找到了治疗胃溃疡的正确方法。

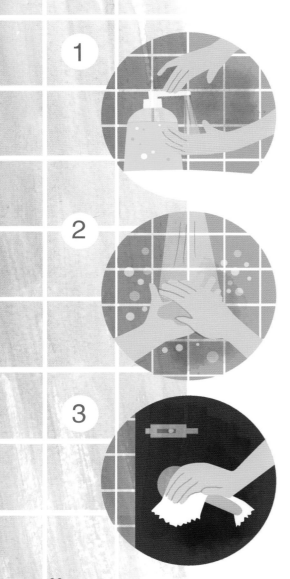

小朋友们一定要记住，不要让有害病菌跑进我们的肚子里哦！远离病菌其实很简单，那就是要好好清洗我们的小手。下面就教你一个小妙招吧！

1. 先用水淋湿双手，再往手心里挤一点儿洗手液，来来回回地搓一搓。

2. 洗手的时间要足够长，至少要洗够你唱三遍生日歌的时间。

3. 离开公共厕所时，尽量不要用已经洗干净的手触摸水龙头和门把手，可以垫一张卫生纸来关闭水龙头或者开门、关门。

干干净净！

这张图是一个健康饮食金字塔，它告诉我们应该怎样通过营养均衡的饮食来保持健康。记住，金字塔底部的食物要尽量多吃，而顶部的食物要尽量少吃哦！

一起动手调制一碗香喷喷的荞麦粥吧！

5种味觉 + 2种触觉

荞麦粥

你需要准备的材料有：

1 一锅荞麦粥

2. 酱油或炸蘑菇（能带来鲜味）

3. 盐（能带来咸味）

4. 白砂糖（能带来甜味）

5. 芝麻菜（能带来苦味）

6. 柠檬汁（能带来酸味）

7 红辣椒或黑胡椒（能带来灼烧的感觉）

8. 薄荷叶（能带来冰凉的感觉）

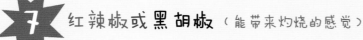

9 黄油

1. 往粥里加一点儿黄油。有些食物分子只溶于脂肪，比如辣椒中的辣椒素。如果没有油，就感受不到辣味了。

2. 加入少量的盐、白砂糖、柠檬汁、芝麻菜，以及切碎的蘑菇或酱油（酱油也能带来咸味，可以代替一部分盐）。

3. 舀出一半的粥，按照你的喜好继续往里面添加以上 5 种调味料，让粥的口味达到最佳。要是不小心加多了某种材料，或者味道不对，还可以用剩下的一半粥重新做。

4. 加一点儿辣椒和薄荷叶，它们能分别带来灼烧感和冰凉感，让人觉得自己的舌头好像又热又冷。

当你调制出美味的荞麦粥后，可以请你的好朋友一起尝一尝。你还可以告诉他们荞麦粥的味道里哪些是味觉，哪些是触觉，以及它们有什么不同。

社图号 23194

北京市版权局著作权合同登记图字： 01-2023-5749 号

图书在版编目（CIP）数据

梨子怎样进入你的大脑？ /（俄罗斯）伊利亚·科尔
马诺夫斯基著 ;（俄罗斯）因加·赫里斯季奇绘 ; 马启
明译 . -- 北京 : 北京语言大学出版社，2024.4
（小小科学家图书馆）
ISBN 978-7-5619-6415-6

Ⅰ. ①梨… Ⅱ. ①伊… ②因… ③马… Ⅲ. ①食品—
少儿读物 Ⅳ. ① TS2-49

中国国家版本馆 CIP 数据核字（2023）第 180334 号

梨子怎样进入你的大脑?
LIZI ZENYANG JINRU NI DE DANAO?

项目策划: 阅思客文化	责任编辑: 周 鹏 刘晓真　　责任印制: 周 燚

出版发行: 北京语言大学出版社
社　　　址: 北京市海淀区学院路 15 号，100083
网　　　址: www.blcup.com
电子信箱: service@blcup.com
电　　　话: 编 辑 部 8610-82303670
　　　　　　国内发行 8610-82303650/3591/3648
　　　　　　海外发行 8610-82303365/3080/3668
　　　　　　北语书店 8610-82303653
　　　　　　网购咨询 8610-82303908
印　　　刷: 北京中科印刷有限公司

版　次: 2024 年 4 月第 1 版		印　次: 2024 年 4 月第 1 次印刷	
开　本: 787 毫米 × 1092 毫米　1/16		印　张: 2.5	
字　数: 28 千字		定　价: 39.00 元	

PRINTED IN CHINA
凡有印装质量问题，本社负责调换。售后 QQ 号 1367565611，电话 010-82303590